主编：郑中原 刘 源

漫画：郑中原

人民交通出版社股份有限公司

China Communications Press Co.,Ltd.

图书在版编目（CIP）数据

垃圾分类科普宝典：青少版 / 郑中原，刘源主编
. -- 北京：人民交通出版社股份有限公司，2019.4
ISBN 978-7-114-15455-3

Ⅰ．①垃… Ⅱ．①郑… ②刘… Ⅲ．①垃圾处理－青
少年读物 Ⅳ．① X705-49

中国版本图书馆 CIP 数据核字（2019）第 063796 号

Laji Fenlei Kepu Baodian（Qingshaoban）

书　　　名：垃圾分类科普宝典（青少版）
著 作 者：郑中原　刘 源
漫　　　画：郑中原
责任编辑：郭红蕊　张征宇
责任校对：尹　静
责任印制：张　凯
出版发行：人民交通出版社股份有限公司
地　　　址：（100011）北京市朝阳区安定门外外馆斜街 3 号
网　　　址：http://www.ccpress.com.cn
销售电话：（010）59757973
总 经 销：人民交通出版社股份有限公司发行部
印　　　刷：北京盛通印刷股份有限公司
开　　　本：720×980　1/16
印　　　张：3.25
字　　　数：50 千
版　　　次：2019 年 4 月　第 1 版
印　　　次：2019 年 7 月　第 2 次印刷
书　　　号：ISBN 978-7-114-15455-3
定　　　价：25.00 元

前言

连绵的雾霾、熏天的废气、横流的污水……这些年来，我们可没少品尝环境污染所带来的苦果。伴随着经济发展的步伐，接踵而至的环境问题成为破坏大家生活质量的一个严重痛点。

习近平总书记指出："我们既要绿水青山，也要金山银山。宁要绿水青山，不要金山银山，而且绿水青山就是金山银山。"可见，不注重环境保护就会丢掉绿水青山，而没有了绿水青山，即便是金山银山也不能令生活更加幸福。

作为在空前发达的现代物质文明中成长起来的新一代青少年，我们绝不能单纯地去享受物质生活所带来的舒适和便利，而是更应该注重培养自身的全方位素养，其中就包括顺应生态文明之大势所趋、响应国家和政府号召，从生活中的点滴小事做起，为保护环境、减少污染贡献一份力量。

那么，面对现代环境问题中日益突出的"垃圾围城"现象，我们能够做些什么呢？"垃圾分类"作为环境保护中最贴近大家日常生活的一环，是我们最应该关心和学习的领域。垃圾处理看似只是生活中一件不起眼的小事，但实则大有学问，尤其是处在源头位置的垃圾分类这一步，不止是现代人必备的一项生活技能，更是一门意义深远的科学！

本书将以科学的视角和生动的形式来为大家介绍垃圾分类以及垃圾减量的相关知识。

作　者
2019 年 4 月

目录

Part 1
认知

人们的日常生活想要不产生垃圾是不可能的，无论是直接的还是间接的，我们每天的生活中都会产生许多垃圾。

《中华人民共和国固体废物污染环境防治法》第八十八条明确规定：生活垃圾，是指在日常生活中或者为日常生活提供服务的活动中产生的固体废物以及法律、行政法规规定视为生活垃圾的固体废物。

以北京市为例，每天产生的垃圾达 2 万吨左右，而一年下来则可达数百万吨。如果将这些垃圾按照 5 米高 ×1 米宽的规格沿着北京市三环路堆放开去，那么全长 48 公里的三环路将被这些垃圾围绕 20 多圈！

日常生活中，我们一般会把垃圾和一些消极、负面甚至贬义的词汇相联系，例如肮脏、恶臭、无用、废品……但从科学的角度来讲，大家需要正确认识到：**没有真正意义上的垃圾，只有放错地方的资源！**而我们开展垃圾分类行动的意义和价值就在于——让眼前的"垃圾"更顺利、更高效地再次转化为有用的"资源"！

目前我国垃圾处理的主要方式

填埋

由于垃圾产量大，技术和经费又有限，所以目前我国 85% 的垃圾采用填埋处理方式。

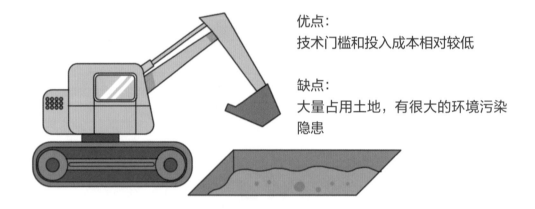

优点：
技术门槛和投入成本相对较低

缺点：
大量占用土地，有很大的环境污染隐患

堆肥

主要针对生物性有机垃圾，例如厨余垃圾、人畜粪便、农业废物等。

优点：
可将垃圾资源化，产生甲烷（作为燃料）、腐殖质（作为肥料及改良土壤）等有用物质

缺点：
仅可处理一部分有机垃圾，而且处理周期较长，消解能力和消解速度都很有限

焚烧

将垃圾投入专用的焚烧系统进行烧毁。

优点：
大幅缩小垃圾的重量和体积，可产生电能和热能

缺点：
环保控制成本较高，需要大量专业设备对焚烧过程中产生的污染物
进行无害化处理，资金和技术投入较大

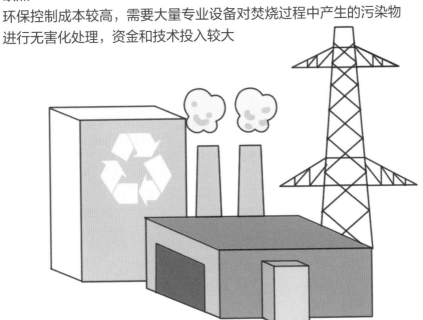

由此可见，能否将垃圾进行正确分类，对于后续垃圾处理的效率、效果具有先决作用，也对保护环境、节约资源有着巨大影响。**那么强化垃圾分类意识、学习垃圾分类知识，就成为现代青少年的环保必修课。**

相关法律

　　我国于 20 世纪末至 21 世纪初，先后颁布实施了《中华人民共和国固体废物污染环境防治法》和《中华人民共和国循环经济促进法》，提出垃圾治理的"减量化、资源化、无害化"（简称"三化"）原则，为垃圾治理工作提供了法律保障。2011 年 11 月 18 日，北京市第十三届人民代表大会常务委员会第二十八次会议上通过了《北京市生活垃圾管理条例》，并于 2012 年 3 月 1 日起正式施行。

减量化

是指在生产、流通和消费等过程中减少资源消耗和废物产生，以及采用适当措施使废物量（含体积和重量）减少的过程。

资源化

是指将废物直接作为原料进行利用或者对废物进行再生利用，也就是采用适当措施实现废物的资源利用过程。（资源化处理不仅可以消灭垃圾，还能变废为宝，比如可以用它们来制造再生材料。）

无害化

是指在垃圾的收集、运输、储存、处理全过程中减少或避免对环境和人体健康造成不利影响。

大家可不要以为垃圾治理是近现代才出现的话题，历朝历代的古人都曾制定过关于垃圾治理和奖惩的法令，其中有一些还十分严苛呢！例如：

据古籍《韩非子·内储说上》记载，商朝时，如果有人将垃圾等脏物随意倾倒在公共道路上，将会被处以"断手"的重罚！

战国时期，在城池官道上乱扔垃圾的人，脸上会被刺字，还要被罚守城4～6年。

据古籍《唐律疏议》记载，唐朝时，对于在城中随意取土挖坑造成灰土阻塞街巷的人，将处以杖责六十的处罚，而且没有尽到监管责任的官员将一并受罚。

直到宋代，对于乱扔垃圾者，仍然沿用唐代所制定的这一惩戒方法。

由此可见，古人对垃圾治理问题就已彰显决心，虽然其中有些惩戒手段过于残酷或者已不适用于当今社会，但我们又何尝不能将这种环保意识加以借鉴并且做得更好呢？

Part 2
分类

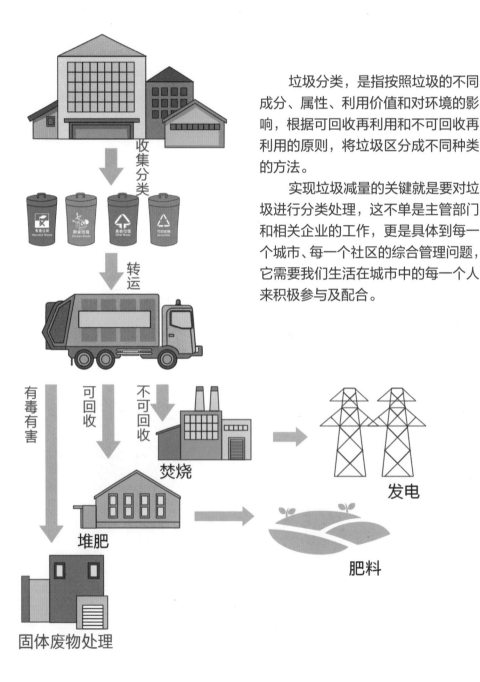

收集分类

转运

有毒有害

可回收

不可回收

焚烧

发电

堆肥

肥料

固体废物处理

垃圾分类，是指按照垃圾的不同成分、属性、利用价值和对环境的影响，根据可回收再利用和不可回收再利用的原则，将垃圾区分成不同种类的方法。

实现垃圾减量的关键就是要对垃圾进行分类处理，这不单是主管部门和相关企业的工作，更是具体到每一个城市、每一个社区的综合管理问题，它需要我们生活在城市中的每一个人来积极参与及配合。

垃圾分类　意义重大

减少占地

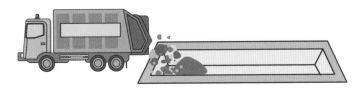

　　将垃圾进行准确分类，能够分离其中的可回收物以及不易降解的部分，有效降低垃圾填埋量，从而减少占用土地。

减少环境污染

　　某些垃圾中含有的有毒有害物质，会对环境产生严重危害。而一旦土壤被有毒有害物质污染，就会造成农作物减产、动物误食中毒等危害，而且很可能通过食物链最终危害人类自身的健康。

既然垃圾分类如此重要，那我们就要从当下做起、从自己做起、从日常的每件小事做起，用实际行动将垃圾分类融入我们的生活习惯之中。

首先，我们要明确垃圾分类的基本原则。由于垃圾种类繁多、形态各异，所以在处理时必须根据其不同的成分特点和利用价值加以区分，而不同国家和地区对垃圾有着不同的分类方法，例如：按来源分类——工业垃圾、建筑垃圾、生活垃圾等；按材质分类——金属、塑料、玻璃、纸张等；按燃烧性质分类——可燃垃圾、不可燃垃圾……

不过，由于普通民众不大可能将垃圾区分得非常专业和细致，所以日常生活中的垃圾大致分为 3 ~ 5 类即可。例如北京市实行的垃圾分类规范中，将垃圾分为四大类，分别是厨余垃圾、可回收物、有害垃圾、其他垃圾。

目前，北京市环卫部门用四种颜色的垃圾桶来区分这四类垃圾。

绿色垃圾桶	**蓝色垃圾桶**	**红色垃圾桶**	**灰色垃圾桶**
用于盛放人们日常烹饪及饮食过程中产生的垃圾，主要包括菜叶、果皮、剩菜、剩饭等，还可盛放花卉枝叶。	用于盛放回收后经过加工处理可以再度发挥价值的材料和物品，例如纸张、金属、塑料、玻璃、织物等。	用于盛放药品、化妆品、荧光灯管等垃圾，这些垃圾中可能含有铅、汞、镉等重金属以及某些有毒有害化合物。	用于盛放不属于前三种垃圾的其他种类废弃物，例如：灰土、陶瓷、烟头、大棒骨等。

厨余垃圾
Kitchen Waste

厨余垃圾·绿色"伙伴"

　　顾名思义，这类垃圾是由人们日常的烹饪和饮食活动制造的，是我们生活中如影随形的"伙伴"，比如剩饭剩菜、蛋壳、果壳、果皮、鱼刺……由于这类垃圾大部分是含水有机物，无害化和资源化较为简便，所以是堆肥处理的好原料。

　　但要注意的一点是，一般的食品包装不属于厨余垃圾，要根据其具体材质归入可回收物或其他垃圾中。

细骨、鱼刺

菜梗菜叶

茶叶渣

残枝落叶

果皮

剩菜剩饭

垃圾变肥料

厨余垃圾可以转变成有机肥料，不仅可以改善土壤质量，还可以滋养苗木花圃，起到美化环境、推动有机耕作、促成全面绿化的作用。

可回收物
Recyclable

可回收物·蓝色"资源"

　　生活垃圾中有相当一部分是具有回收再利用价值的，例如塑料、金属、玻璃、纸张、织物等。这些物品经过特定的工业化处理之后就会摇身一变，再度成为我们生活中可供利用的资源。所以，我们不要将这类物品随意丢弃，而是要做好分类回收，以便再度加以利用。

玻璃类　　　　纸板、纸箱

金属类　　　　塑料类

书报纸张　　　织物类

垃圾回收再利用的可观价值

 每 1 吨废旧塑料  可制造出 600 公斤燃油

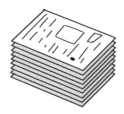 每 1 吨废纸  可造纸 800 公斤，相当于少砍伐树龄为 30 年的大树 10 余棵

 每 1 吨废玻璃  可生产出篮球场面积大小的玻璃板

 每 1 吨易拉罐  可还原成同等重量的铝材，相当于节约了 20 吨铝矿石

 每 1 吨废旧钢铁  可炼钢 900 公斤，相当于节约 3 吨铁矿石

回收价值

废塑料的分类回收价值

中国每年使用塑料快餐盒达 40 亿个，塑料方便面碗 5 亿～7 亿个，废塑料占生活垃圾总量的 4%～7%。如果把这些塑料都收集起来，那么，1 吨废塑料就能提炼出 600 公斤的燃油。所以，也有人将回收废塑料称为"开发第二油田"。类似的废物资源还有很多，如果我们都能充分地回收利用，废弃物就会变成巨大的宝库。

废纸的分类回收价值

废纸是制造再生纸的原料，回收 1 吨废纸能生产出 0.8 吨好纸，可以挽救十几棵大树，节省 3 立方米的垃圾填埋空间，降低造纸的污染排放 75%，同时，节省水 100 立方米、化工原料 0.3 吨、煤 1.2 吨、电 600 千瓦时。

废玻璃的分类回收价值

废玻璃再造玻璃，不仅可节约石英砂、纯碱、长石粉、煤炭，还可节电，减少大约 32% 的能量消耗，减少 20% 的空气污染和 50% 的水污染。每回收利用 1 吨废玻璃可生产一块篮球场面积大小的平板玻璃或 500 克重的玻璃瓶 2 万只。据估算，回收一个玻璃瓶节省的能量，可使一只 60 瓦的灯泡发亮 4 小时。

在我国，废玻璃的利用前景十分广阔，具有很好的经济效益和社会效益。目前，我国每年废玻璃回收率只有 13% 左右，这主要是因为我国的废旧玻璃回收还缺少体系化管理，不够成熟。我们应该在学习借鉴国外先进经验的基础上，动员社会各方力量，加强对废玻璃的回收和利用。

废易拉罐、废铁的分类回收价值

易拉罐罐体的主要成分是铝，但由于罐身、罐盖、拉环所需要的硬度和柔韧度不同，所以需要添加不同比例的其他元素，例如：易拉罐的罐身只含有极少量的镁、铜、锰等元素；罐盖含镁达到 2% 左右，而铜、锰含量约为 1%；拉环虽然在罐体中所占比例较小，但也含有一定量的其他元素。

1 吨易拉罐熔化后能结成 1 吨很好的铝块，可少采 20 吨铝矿。1 吨废钢铁可以炼出 0.9 吨好钢，并且这比用矿石冶炼节约成本 47%，减少空气污染 75%，减少 97% 的水污染和固体废物。

有害垃圾·红色"警戒"

这类垃圾是垃圾中最危险的角色，因为它们包含有毒有害物质，一旦不加处理就直接丢弃，会给环境带来极大危害。有害垃圾主要包括：荧光灯管、水银温度计、药品和化妆品等，这些垃圾含有一些危险的化学物质，会对我们的生活环境产生极大危害。

这类垃圾会由危险废弃物专业处理单位进行处理，提取其中的有用物质，重新加工利用。这样做不但避免了污染，而且能开发出很大的价值。

有害垃圾
Harmful Waste

化妆品　　　水银温度计

废油漆桶　　　药品

荧光灯管　　　杀虫剂

其他垃圾
Other Waste

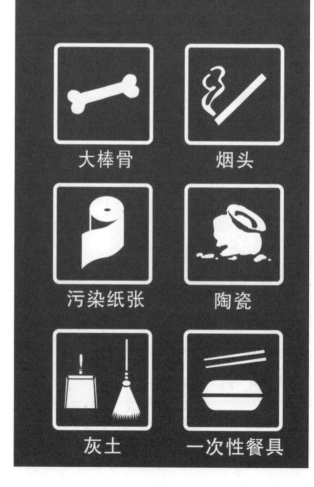

其他垃圾·灰色"杂货"

　　不包括在上述三大类中的垃圾，目前都可以归属为其他垃圾，例如灰土、陶瓷、烟头、砖瓦等。这些垃圾也许不会对环境造成直接的、严重的污染，但由于难以自然降解、易随风飘散、没有特定的再利用价值等原因，大都需要进行填埋或焚烧处理。

　　不过这类垃圾在焚烧时产生的热量可以发电，焚烧后产生的灰烬也可以用来制造水泥、再生砖等建筑材料。所以这样看来，真的是"任何垃圾都是宝"啊！

大棒骨　　　　烟头

污染纸张　　　陶瓷

灰土　　　　一次性餐具

知识拓展

不同场景里的垃圾分类

居家生活

日常生活中，我们可以将家中产生的垃圾分类存放。比如：在厨房中放置一个"厨余垃圾"桶，用于存放厨余垃圾；在厕所放置一个"其他垃圾"桶，存放其他垃圾；对于可以回收的废弃物，则进行分类存放，定期交给废品回收单位。

公共场所

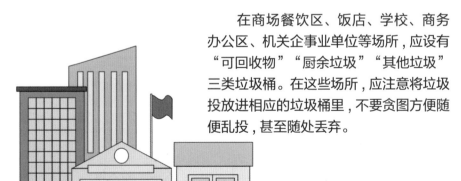

在商场餐饮区、饭店、学校、商务办公区、机关企事业单位等场所，应设有"可回收物""厨余垃圾""其他垃圾"三类垃圾桶。在这些场所，应注意将垃圾投放进相应的垃圾桶里，不要贪图方便随便乱投，甚至随处丢弃。

词 解

垃圾生化处理

是指将生活垃圾堆积成堆，升温至 70℃储存、发酵，借助垃圾中微生物的分解能力，将有机物分解成各种养分。经过堆肥处理后，生活垃圾变成卫生的、无味的腐殖质，既解决了垃圾的出路，又可达到资源化的目的。但是生活垃圾堆肥量大、养分含量低，长期使用易造成土壤板结和地下水质变坏，所以堆肥的规模不宜太大。

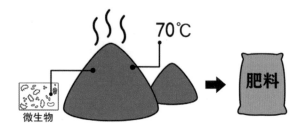

焚烧处理

是将垃圾置于高温炉中，使其中可燃成分充分燃烧的一种方法。借助焚烧炉内的高温燃烧将垃圾转化为蒸汽和热量等能源，而这些能源最终可用于发电和供暖。焚烧处理的突出优点是减量效果好（焚烧后的残渣体积减小 90% 以上，重量减少 80% 以上），处理彻底。

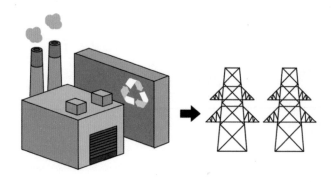

废物再利用

　　是指将废物直接作为产品或者经修复、翻新、再制造后继续作为产品使用，也可以是将废物的全部或者部分作为其他产品的部件予以使用。

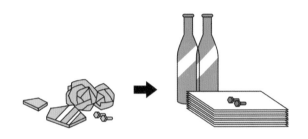

白色污染

　　是人们对难以降解的塑料垃圾污染环境现象的一种形象称谓。它是指用聚苯乙烯、聚丙烯、聚氯乙烯等高分子化合物制成的各类生活用品被丢弃后成为固体废物，这类垃圾不但难以降解处理，而且容易聚集成堆或随风飘散，最终造成污染。

小贴士　行动在我

　　垃圾分类和减量绝不是只关乎某些人或某些群体的小事，而是一件"大家齐动手，造福你我他"的大事。所以，我们就要从现在做起、从点滴做起。这不，从学生时代就一心投入环保事业的优秀少年还真不少呢！

　　北京市就曾有一位著名的"环保小先锋"——袁日涉。早在2001年，还在上小学的袁日涉就开办了自己的儿童环保网站，她还先后策划了"一张纸小队"和"绿色银行"等少年儿童环保活动。升入中学后，袁日涉也一直没有中断自己的环保之路，并在全国多项相关评比中获奖。

　　而在江苏南京的百家湖中学，垃圾回收不仅蔚然成风，而且还上升到了"企业行为"，这是怎么回事呢？原来，在校长的支持和帮助下，百家湖中学的学生成立了"可再生资源回收有限公司"，公司的全部职务都由在校的中学生来担任，他们每天都会对校园内产生的各种垃圾进行分类、称重、回收。这样一来，不仅校园环境变得干净整洁，同学们也体会到了环保事业带来的乐趣和成就感。

Part 3
处置

垃圾的资源化和无害化处理，目前主要是通过焚烧处理、堆肥处理、填埋处理这三种方式来实现的。

焚烧处理

焚烧处理是将垃圾置于高温炉中进行燃烧的方法。这种处理方法，不但能比较彻底地将垃圾进行无害化（800 ～ 1000℃高温消灭各种病媒生物）和减量化（焚烧后的垃圾体积减小 90% 以上、重量减少 80% 以上），而且燃烧得到的能量还可以用来发电、供热等，燃烧的终产物还可以制造建筑材料。

焚烧处理优势如此突出，为什么在很多地方却难以推广呢？究其原因是这种方式成本较高。由于垃圾在燃烧过程中会产生大量有毒有害物质，所以必须用相对昂贵的科技手段和设备加以滤除，否则无害化就成了一句空话，而且焚烧处理要求垃圾的燃烧热值必须高于规定值，否则就必须添加助燃剂。这样一来，不但对垃圾分类要求极高，而且成本一旦控制不好就会入不敷出。

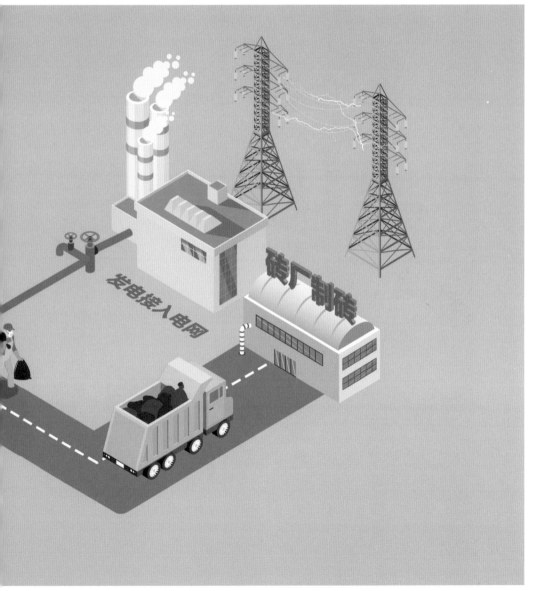

填埋处理

填埋处理是目前我国最为通用的一种垃圾处理方法，主要优势是速度快、成本低。但缺点也是显而易见的：虽然也能满足减量化、资源化、无害化这三大原则，但周期较长而且效果十分有限，大量占用土地的同时还容易带来地下水二次污染、产生易燃易爆气体等"后遗症"。

直接填埋法一般是先挖掘大型填埋坑，接着铺设防渗层、安装导气管，对填埋产生的沼气进行收集，这样做不但是为了防止沼气爆炸，也是垃圾填埋中主要的资源化手段。然后将垃圾填入坑中盖土压实，利用生物、物理、化学作用逐渐分解有机物。

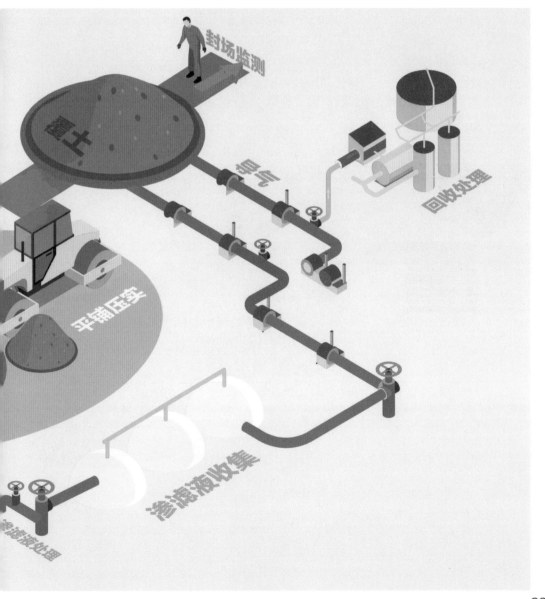

堆肥处理

堆肥处理指的是将垃圾集中堆放在 60 ~ 70℃环境中进行储存、发酵，借助微生物的分解能力，将垃圾中的大量有机物分解成各种养分，尤其适用于厨余垃圾、人畜粪便、农业废物等。经过堆肥处理后，垃圾可以转化为沼气和腐殖质。

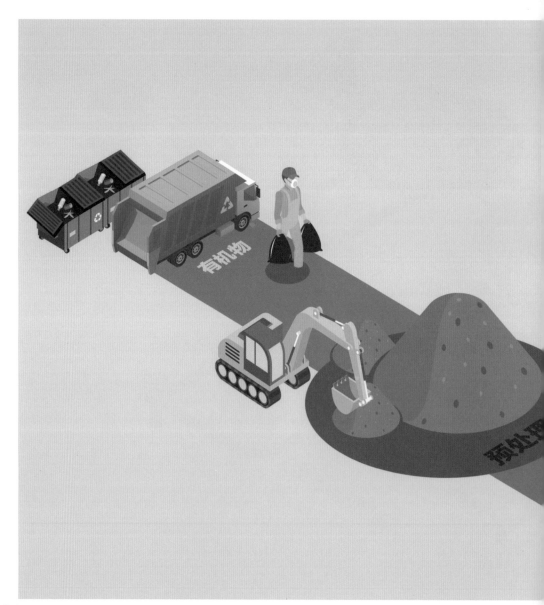

　　这种处理方式能够有效实现有机垃圾的无害化和资源化，但问题是周期较长且减量化效果比较一般，长期进行还容易造成土壤板结和地下水质污染，所以堆肥处理的规模不可能很大，也不会成为垃圾处理的最主要方式。

　　通过对垃圾无害化和资源化的简要介绍，同学们应该不难发现：无论对垃圾采取哪种处置方式，都需要以垃圾分类为前提，因为只有事先将各类垃圾加以区分，方便专业人员对垃圾进行预处理，后续才能采用相应的手段进行无害化和资源化处理。所以，这也从一个侧面再度明确了垃圾分类的重要性！

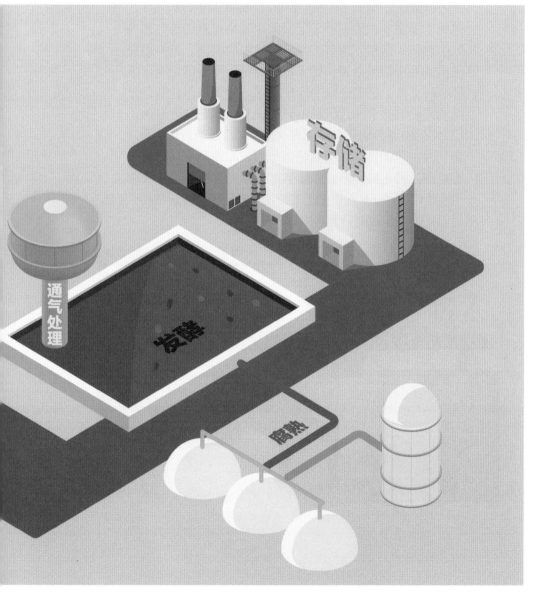

小贴士　科技引领

　　展望垃圾处理的未来，科学技术必将成为引领因素，只有具备更加科学、高效的手段，才能取得更好的效果。世界上很多发达国家都下了很大功夫来提升垃圾处理的科技含量，例如：拥有雄厚科技实力的德国，把很多先进技术用于垃圾处理，除了焚烧发电、固体熔渣制作建筑材料之外，凭借先进的冶炼技术，德国每年还能通过回收废旧钢铁节约几十亿欧元的成本，由于垃圾资源化能力很强，德国每年甚至愿意从国外进口数百万吨垃圾，转化为自己的资源；而美国则将先进的等离子技术应用于垃圾处理，其大致原理是通过等离子环境使垃圾转化为能量和熔渣，从而把大量的垃圾变成能源和建筑材料，目前我国也在尝试引进这种先进技术。

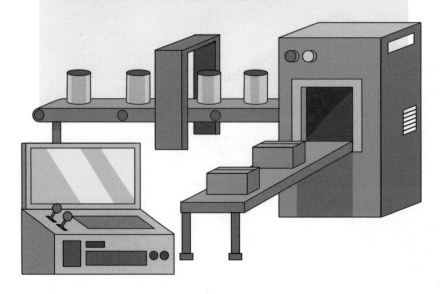

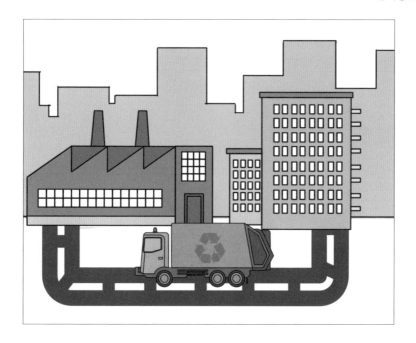

　　垃圾减量是指在生产、流通和消费等过程中，采取适当措施，减少资源消耗和废物产生，这是一个需要在生产环节和生活环节"双管齐下"才能够解决好的问题。

　　一方面，如果那些日后注定会成为垃圾的东西更少地或者不再被生产出来，后续的垃圾减量工作无疑会轻松许多，合理的垃圾处理手段也会最大限度地满足垃圾减量化需求。另一方面，虽说我们无法用工业化的眼光和手段去对待垃圾减量，但却可以从日常生活的很多细节入手，寻求垃圾减量的方法和窍门。只要我们用心观察和思考，就能随时随地挖掘垃圾减量的巨大潜力。

垃圾减量怎么做

居家

废物换钱

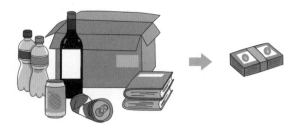

对于还可以再次回收利用的废弃物，不要随便丢弃，而应该分类存放，等累积一定数量之后，可以交由废品回收人员处理，以减少资源的浪费，进而保护环境，同时还能获得一定的经济收益。

厨余废物

日常饮食中产生的剩菜、剩饭、细骨、菜根、菜叶、蛋壳等废物，也要单独收集到一起，然后统一放到标有"厨余垃圾"的垃圾桶中。经过科学处理后，它们都可以变成有用的肥料。

学校

循环用笔

尽量避免使用一次性的圆珠笔、铅笔等，改用可以更换笔芯的圆珠笔和自动铅笔，或者钢笔。这样做既经济实惠，还能保护环境。

双面用纸

另外，学习中使用的草稿纸、打印纸等，也不要随便丢弃，当一面用完后，可以再换另一面使用。这样做既可以做到环保，还能减少购买新纸所需要的开支。

生活

精简日用

尽量少买不必要的物品，因为买得愈多，需要处理的废弃物也愈多。比如零食，大多装在精美的盒子或者包装袋里，然而不管这些包装多么精美，里面的食物被吃完后它们都会变成垃圾，污染我们生活的环境。

餐馆

适量点餐

到餐馆就餐时，应该注意适量点餐，不要暴饮暴食，更不要铺张浪费。这样做既经济合算，还可以减少厨余垃圾的产生。

剩饭打包

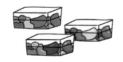

在餐馆就餐后，如果有剩余的食物没有吃完，可以请服务员帮忙打包带回家。这既是一种勤俭节约的美德，还有助于实现垃圾减量目标。

餐具选择

拒绝一次性和不可降解餐具，比如一次性筷子、不可降解餐盒等。这些物品会消耗大量资源或者制造"白色污染"。所以，就餐时应尽量选择可以重复使用的餐具。如果离家比较近，还可以考虑自带餐具，既卫生又环保。

购物

包装简单

在选购商品时，尽量选择包装简单或者大包优惠装的商品。少买那些包装复杂、华而不实的商品。

自备手袋

每次去商场、超市前，都要提前准备好环保购物袋。这样在买完东西结账后，就可以直接装好带回家，避免购买塑料袋造成白色污染。既省钱，又环保。

循环利用

购物时应尽量选择带有循环再生标志、中国环境标志、中国节能认证标志的环境友好型商品。在购买没有任何环保标识的商品时要格外谨慎。

外出

自备用品

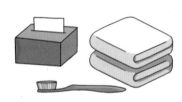

北京市约有三星级以上宾馆、饭店客房数十万间，按入住率 70% 计算，每年可产生上亿套一次性洗漱用品，按每套 100 克计算，每年产生 1 万多吨废弃物，这无疑会给我们的垃圾处理工作带来很多难处。所以，如果是长时间出门，需要在外面住宿，建议大家随身携带可以重复使用的洗漱用品，不要购买和使用一次性用品。

环保自觉

在旅游、出行过程中，要注意随时收集自己产生的各种垃圾，不要随意丢弃，污染环境。此外，对于其他游客不小心或者因为缺乏环保意识而随意丢弃的垃圾，我们要尽量收集起来，放到景区的垃圾箱里。近年来，风景优美的旅游区屡遭"旅游垃圾"的污染，特别是在节假日出游高峰期间，各旅游景点遭受"垃圾炸弹"袭击惨变"垃圾池"等消息让人触目惊心。"旅游垃圾"已成为一种公害，我们一定要通过自己的行动改变这种状况。

变废为宝小手工

卫生纸芯做笔筒

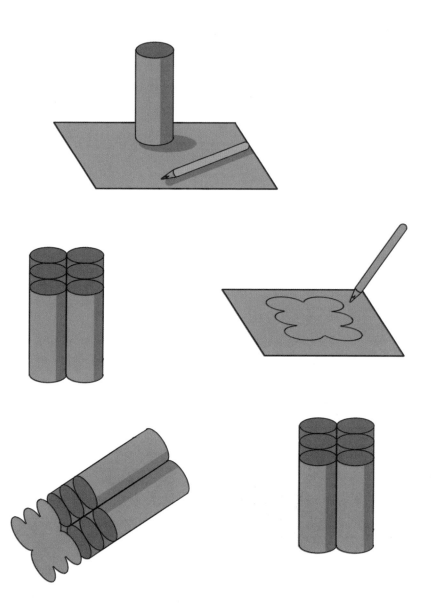

磁带盒变支架

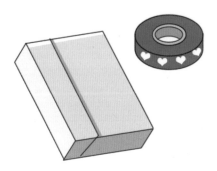

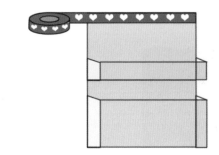

薯片筒变成零钱罐

红酒瓶塞切成隔热垫

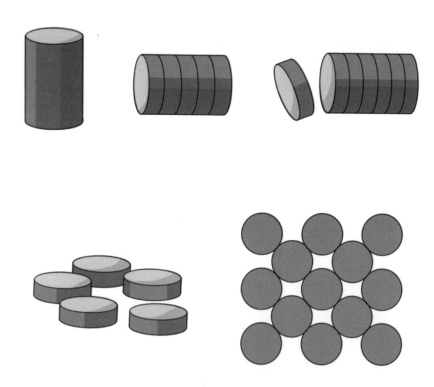

塑料瓶秒变小凳子

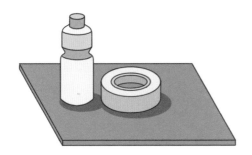

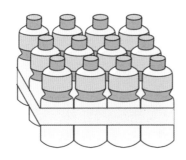

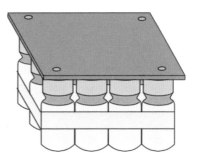

奶粉罐变身小花盆

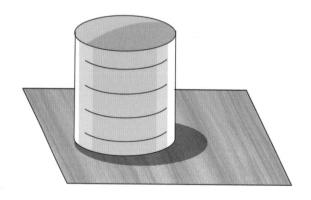

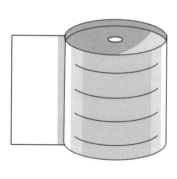

雪糕棒粘成收纳篮

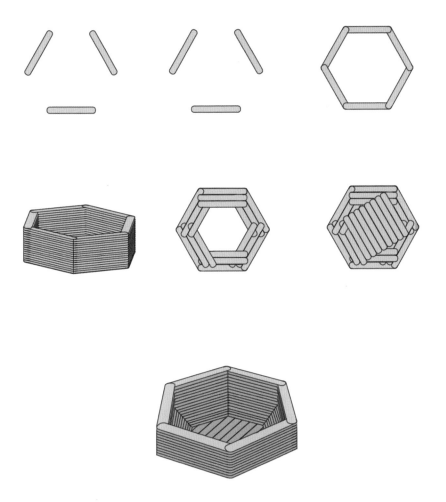

饮料瓶做纸抽盒

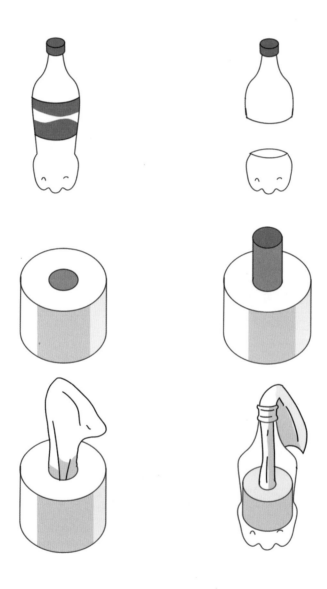

月饼盒制作玩具灯笼

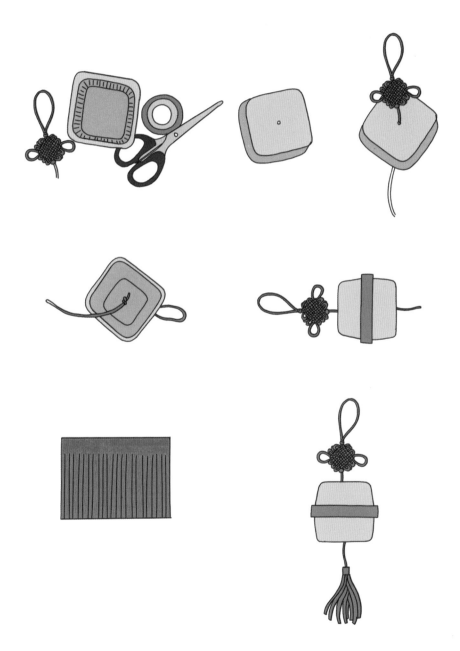

自制环保酵素

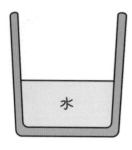

水

糖

新鲜的厨余垃圾

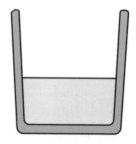

制成的环保酵素可用于
净化下水道或当作肥料

小贴士　点石成金

在各种垃圾中，建筑垃圾一直是非常让人头疼的一类。曾几何时，因其缺乏循环利用的价值，而被称为"渣土"，堪称"垃圾中的垃圾"。但随着科学技术的发展，人们发现就连建筑垃圾中也蕴含着宝藏。

2012年11月，一条特殊的公路在北京建成了。这条路虽然看上去和普通公路没什么区别，但它18厘米厚的路基却是用4000多吨再生环保材料铺就的。而这种材料正是通过对建筑垃圾的破碎、筛分得到的再生骨料，是货真价实的点石成金、变废为宝。

而在江苏苏州，有一位叫洪宝华的"收废品个体户"，在常年和废品打交道的过程中，凭借敏锐的头脑和眼光，看到了建筑垃圾中蕴藏的巨大价值。于是他专门组织人手开始大量收集建筑垃圾并卖给具备环保再生技术的企业，仅这一项业务每年就能帮他净赚十几万元，他在找到了生意经的同时也为环保做了很大贡献。

Part 5
榜样

 日本

提起垃圾分类，我们首先应该想到的榜样并非是遥远的欧美，而是近邻日本。日本在垃圾分类和处理方面的细致和深入早已誉满全球。在日本，生活垃圾分为可燃垃圾、不可燃垃圾、资源类垃圾、有害类垃圾和大型类垃圾等几大类，而在大类下面还分若干小类，比如不可燃垃圾又细分为小家电、铁制容器等。

政府会向居民发放垃圾分类指导手册，详细讲述垃圾分类方法和回收时间。日本的垃圾回收有明确的时间表，例如：每周二和周五回收可燃性普通垃圾，每周一回收塑料容器类垃圾，每周四回收金属罐等"缶类"垃圾，每月的第四个星期三回收纸张和织物等。居民不但要对垃圾进行准确分类，而且必须在指定日期的指定时间将打包好的垃圾放到指定位置，一旦错过就会被拒收，只能等待下次。如果要扔的是家具等大件垃圾，还要提前向垃圾处理部门打电话申请，并且缴纳一定的处理费用。

虽然规矩很是复杂甚至严苛，但日本居民都会自觉遵守，因为日本人不但从幼儿园就开始接受系统而严格的垃圾分类教育，而且他们知道，不按规定丢垃圾的后果会很严重，不仅可能受到批评、罚款，重者甚至会被判刑。难怪初到日本的游客大都会为这里整洁的环境感到惊讶。

瑞士

瑞士的垃圾分类非常详尽，每类垃圾
都有对应编号，例如：

1. 厨余垃圾；
2. 不可回收的其他垃圾；
3. 可回收纸类；
4. 旧电器；
5. 旧家具；
6. 金属罐；
7. 玻璃制品；
8. 陶瓷制品；
9. 旧衣物；
……

瑞士的居民区都有专用的大号垃圾箱，可降解的厨余垃圾和不可回收的其他垃圾，都必须分别用专用垃圾袋装好才能投放，任何其他袋子装垃圾都不被许可，而且这些垃圾袋都是需要付费购买的，越大的袋子价格越高。

居民需要把各类垃圾提前分类装好，放置在垃圾收集点，一旦错过时间只能等待下次。尤其是可回收物，必须投放到指定地点的指定桶内，而且要把垃圾中的各种容器清空，金属罐、塑料瓶等要压扁。甚至连树枝、枯叶这类垃圾在瑞士也是单分一类的，居民需要定期、定点投放。而对于有害垃圾，瑞士规定由销售单位负责回收，凡是售卖这类产品的商家，必须放置专用的回收投放箱。

美国

美国每个州的垃圾处理法律法规会略有不同，但总体上都是比较严格和系统化的，每个地区的居民都需要按照政府发布的垃圾回收计划以及垃圾分类方法对垃圾进行简单处理。另外，每周都会有指定的废物垃圾收取日，居民要按时间规定把分类包装好的垃圾摆到路边，以便垃圾车收取。

除了常见的生活垃圾之外，清洁剂、涂料、杀虫剂、灯管、温度计、电子垃圾、蓄电池等有害垃圾都不得直接放入垃圾桶中，必须交给指定的回收点。由于行业发展非常成熟，美国有一些经营垃圾处理业务的公司已经成为上市企业。

英国

英国一般将垃圾分为生活垃圾、可回收垃圾、建筑垃圾、废旧家具、电器、电池等，其中可回收垃圾分类更加细化，包括玻璃瓶、塑料瓶、易拉罐、废旧报纸等。英国很多住宅区里都有一个专门存放垃圾的小屋，在某些高档社区这种"垃圾小屋"甚至是安装密码锁的，受到严格管理。而垃圾桶也会分类摆放，居民需要把垃圾分类投放，定期由大型垃圾车来统一回收。

针对旧家具，英国还开设有专门的二手家具慈善店，把旧家具送到店里，然后由店家低价卖给经济拮据的人，所得收入归店家和慈善机构所有。这样做，就为环保和慈善做了双重贡献。如果是没有再利用价值的大件废物，要么自己想办法运送到郊区的垃圾处理中心，要么花钱请专业处理公司来回收，同样不可以随便乱扔。

法国

在法国，垃圾分类回收既是一种行为习惯，又是一种经济体系。法国的垃圾分类最多可以细化到 20 多个门类，大体上包括不可回收的生活垃圾、可回收的循环垃圾、玻璃制品、电器等。居民需要认准不同颜色的垃圾桶丢弃垃圾：绿色盖子——不可回收的生活垃圾；灰色盖子——可回收的循环垃圾；白色盖子——玻璃制品；而冰箱、电视机、微波炉等家用电器，则会有专门的人员和车辆定期前来回收。

法国对乱丢垃圾的惩处办法包括：将垃圾随意丢弃在不属于垃圾处理设施范围的公共场所，将被罚款上百欧元；随意丢弃大件垃圾或需要用车辆才能搬运清理的垃圾，罚款可能加重至上千欧元，甚至被处以监禁。

德国

德国从 1904 年就开始实施城市垃圾分类收集，厉行垃圾分类已经超过 100 年。德国的学校和家庭也会从孩子很小的时候就开始进行垃圾分类教育。

在德国的住宅区，各家都会放置四个不同颜色的垃圾桶，分别盛放生活垃圾、纸类垃圾、塑料垃圾和其他垃圾。这些垃圾桶由当地相关部门免费提供，但用户需要根据垃圾桶的容量大小缴纳垃圾处理费，选择的垃圾桶容量越大，收费则越高。用户每年都会收到一张年度垃圾回收计划单，每周都会有垃圾回收车辆按计划前来收取。

瑞典

在瑞典，垃圾分类也是从家庭就开始进行的，每个家庭里都会准备不同的垃圾桶，分别收集玻璃、金属、纸张、塑料和厨房垃圾等，每条街道也都设有不同分类的垃圾箱。瑞典的公共场所大都设有易拉罐和玻璃瓶自动回收机，居民将饮料瓶、易拉罐等投入其中，机器便会打印收据，凭此收据可以兑换现金奖励。瑞典的环卫机构会给居民发放四种纤维袋，分别用来盛放废纸、金属、玻璃、纤维，并每月收集一次，剩余的其他垃圾则是每周收集一次。